很難跟孤單做朋友，
因爲有了你們！

我的愛在我身邊有

寂寞

影山直美

我家有2隻柴犬

小哲
（公的、4歲）

阿貢
（公的、12歲）

兩隻年紀差很大，
加上個性完全不一樣，
所以我每天都過著
多采多姿的生活。

某天，我重溫部落格上
小哲剛來家裡時的照片。
超、超可愛!!
2005.9.14
媽媽我看到兩隻小傢伙
膩在一起咬玩具，
好開心喔！
2005.9.5
咬著布偶，
滾來滾去的小哲。
2005.8.30
露出可愛的表情，
喜歡聞自己的便便。
2005.8.23
小哲像剛釣起的
魚兒般，
活蹦亂跳。
原來小哲
從小就皮呢！
呵呵呵……
呵呵呵……
2005.8.19
小到可以
放在手上。

呵…
趴倒
……
好想重新…
好好管教!!
可是看到小哲那張天真無邪的臉，
就狠不下心，以至於
三年後的現在，小哲牠……
哇啊啊

嚇~
變成動不動
就發火的暴犬!!
嗚—
甩—
甩—
甩—
噹
噹
自己的被子

全家人膽戰心驚...

其實小哲也有
可愛的一面。

不知道為什麼，
就算打贏了阿貢、
失落的卻是牠……

家有狗狗，真的很有趣！
有歡笑，有淚水，
也有叫人抓狂的時候。
藉由這本書，和大家分享
我與兩隻愛犬，
阿貢、小哲一起生活的各種
趣事，以及身為飼主
所經歷的血淚史。

目錄

Part 4

與兩隻小傢伙的生活點滴

Part 5

熱鬧的生活也不壞

阿貢&小哲的趣事

Part 1

家有新成員

小哲到我家

八月的某個禮拜天，
我和老公的目光
被躺在寵物店裡的
一隻小像伙
深深的吸引。

熟睡
熟睡

柴犬(公的)
0月0日....
蠕動…
超可愛…
和阿貢小時候好像喔!!
就是呀!!
根本就是阿貢嘛!!

可是那時我們家
已經有一隻8歲的阿貢,
所以沒辦法輕易決定。

從那天回家後，
我們就過著自問自答
與召開家庭會議的日子。
其實打從好幾年前開始，
「再養一隻」的議題就
反覆地在家上演。

鈴
鈴

白天和老公傳簡訊…

你不覺得還是養隻母的，和阿貢比較速配嗎？
END
當然要養公的啊！
END
再養一隻，我們可能就沒辦法去旅行了，這樣也 OK 嗎？
END
這一點犧牲沒關係啦！
END
真的照顧得了嗎……
END
就努力一下囉！
END

於是經過一個
禮拜討論的結果。
我們決定迎接
第二隻小狗的到來!!

於是
我們興奮地
迎接新成員。
嘰—
嘰—
直到前一天，我們還在為小狗
要取什麼名字，起了點爭執。
就照之前的決定，取名小哲吧
就這麼說定啦
這是幾年前，
我們說：「如果
要養第二隻」
時的決定。
蛤—
可是我最近
又有新點子。
就叫小豐吧
不管公的還是
母的我就是想
取這個名字。
蛤—
結果還是成全老公
從小的夢想，取名「小哲」。
真的假的？
小哲！
小哲！
蠢動
蠢動
蠢動

小哲，別怕啦！
再忍耐一下哦！
……
露出鼻子
好吧，第三隻就叫「小豐」吧！
看樣子可能會再想養一隻……
轉身
嘻嘻…
快步

小哲一進家門，阿貢就超興奮！

繞著我又舔、又啄，還興奮地打轉。

可是小哲還沒打預防針，
得先隔離才行。
所以牠們暫時只能
隔著圍欄交流。
再等一下哦！阿貢!!

惡犬與天才僅一線之隔 !?

今天我們
就來觀察小哲的身體吧！
額頭有細紋
胸口有一塊白白的
眼睛骨碌碌
很像黑熊
尾巴蓬鬆
以柴犬來說，
前腳好像有點粗…
（莫非會長得粗壯？）
這是什麼狗啊!?
阿貢
小哲

嗯……這表情看起來好像偷做壞事的樣子……
瞄…
驚！
啵
啊？
居然伸一隻腳進水盆，還吊著眼瞄我……

這種時候，
如果你越生氣，
牠就越故意…
裝作沒看到
哼哼
哼哼♪
瞄
哼哼
哼♪
瞄
你們看!!
這小子，
根本是故意
惹我生氣嘛!!
轉身
奸笑

出生才兩個月的小哲，
已經是個心機小子了。
啪沙
啪沙
瞪
耳語
老大，你看牠這次乾脆把水潑出來耶…

幼犬慣有的惡作劇習性，
牠當然也會。

① 撕破便盆紙

〈小哲的一貫手法〉

先輕輕地咬破…

接著是用力挖！挖！挖！

② 亂咬一通

不過，有件事倒是叫我滿佩服的！

打從第一次在便盆上尿尿以來，小哲就養成固定在便盆上方便的習慣!!

反觀阿貢……
不但在便盆以外的地方大小便
噓～
還會躺在上面睡覺
熟睡中
阿貢！
阿貢！你打算胡鬧多久啊!?
裝作沒聽到

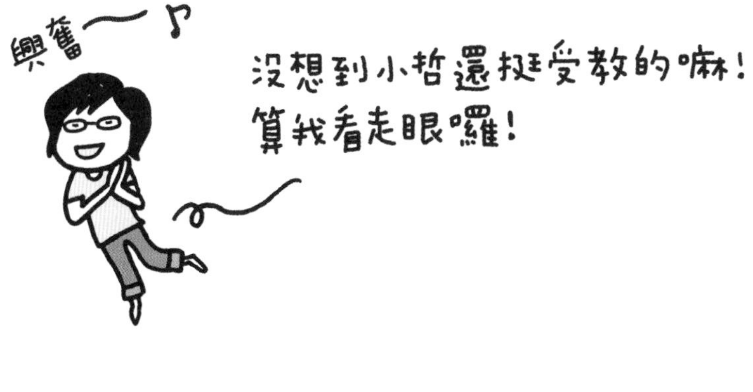

興奮～♪
沒想到小哲還挺受教的嘛！
算我看走眼囉！

大哥難為啊！

小哲總算打好預防針，
可以跟阿貢一起玩了。
小哲在動物醫院…
哈哈哈
看來阿貢有得受囉！
蛤!?
嗅嗅
噓—
一興奮就亂尿
就在阿貢興奮地
觀察小哲時……
咻—
小哲卻狙擊
阿貢的玩具!!
咬
看來牠
哈很久了吧

於是，小哲開始跑來跑去，
而且速度超快!!
咻——
咻——
咻——

託牠的福，
這時候拍出來的照片
大部分都成了這模樣。
幼犬有夠難拍……

我在工作時，會讓小哲獨自待在牠的狗籠。起初牠還滿乖的……
喀咚
難不成樓下，開始裝修工程啦？
咚咚咚咚！
啪
2F
阿貢
1F
小哲
狗籠
我下樓一瞧，發現狗籠移位…
齒痕
便盆紙也被咬得稀巴爛，散得一地都是…
呼呼大睡
連布偶也遭殃，被咬破一個大洞。

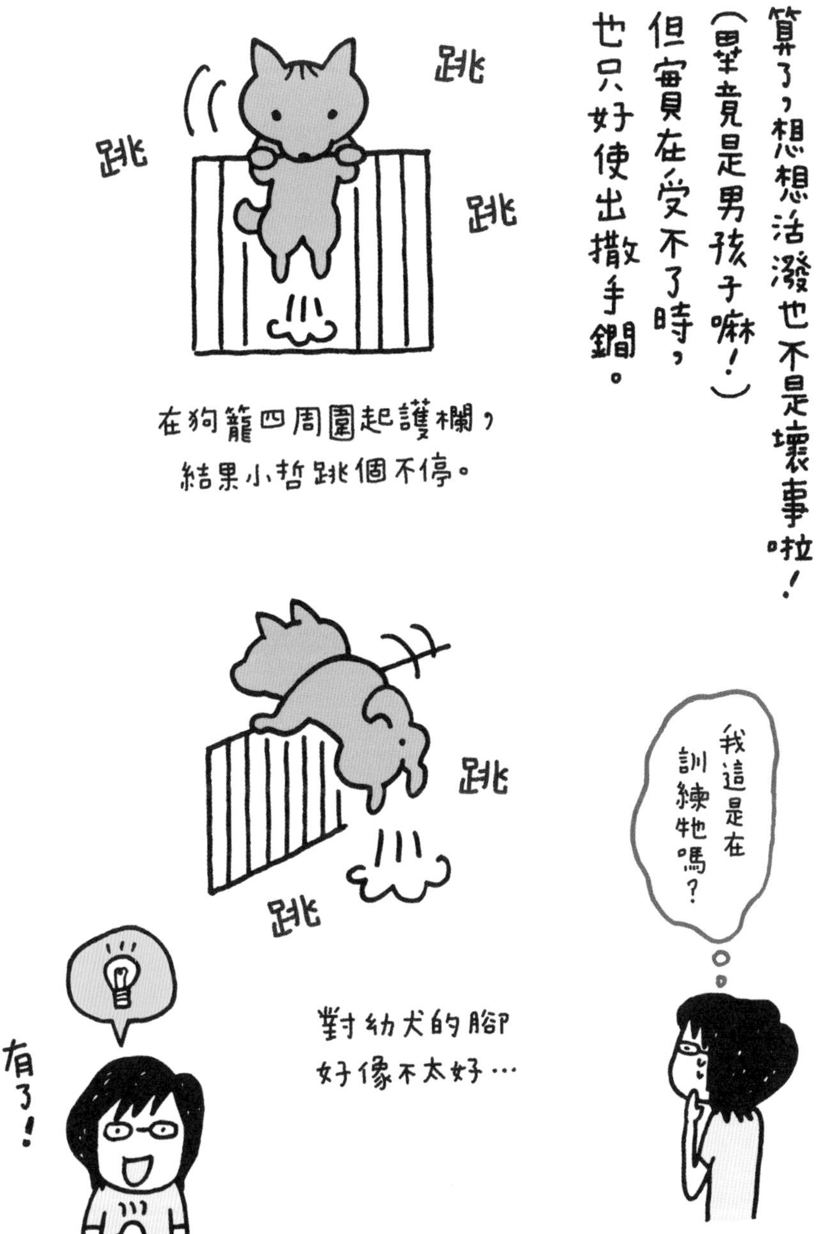

算了，想想活潑也不是壞事啦！
（畢竟是男孩子嘛！）
但寶貝在受不了時，
也只好使出撒手鐗。
跳
跳
跳
在狗籠四周圍起護欄，
結果小哲跳個不停。
跳
跳
我這是在訓練牠嗎？
對幼犬的腳
好像不太好…
有了！

小哲蹦蹦跳跳的時候，
我靜止不動。

牠一坐下，我才走近。

要是牠再跳的話，
我就假裝不注意牠。

牠一坐下，我才走近。

就這樣很有耐性地反覆測試，
我把這方法叫做
「不倒翁教養法」!!

還可以將這方法運用在教牠「坐下」。
坐下
坐下
小哲坐下的同時，
我邊喊：「坐下！」邊走向牠。
試了幾次之後……
坐下
天才!!
哇—
正坐
點心
正坐
一旁的阿貢
也跟著坐下
有了點心當誘餌，
小哲馬上就學會乖乖坐下了。

馬上學會坐下的小哲，
每天依舊活蹦亂跳。

有時候牠會突然衝出狗籠。

故意撞一下阿貢，
然後輕輕的咬一口。

碰！
咬

不然就是對阿貢的玩具下毒手

還抓了另外一個
咬
咬
阿貢的好脾氣
真是叫人心疼啊……

某天發生這樣的事。
悄悄走近…
輕碰
阿貢!!
驚訝～
撒嬌
撒嬌
阿貢突然向我撒嬌。
雖然牠在小哲面前，
發揮十足的大哥風範，
但牠還是會有
想撒嬌的時候。
阿貢，對不起，
讓您受苦了…。
雖然發生了一些
叫人傷腦筋的事，
但兩個小傢伙
還算處得不錯。
坐下!

阿貢＆小哲的怪癖

阿貢

喜歡躺在剛曬好的毛巾上

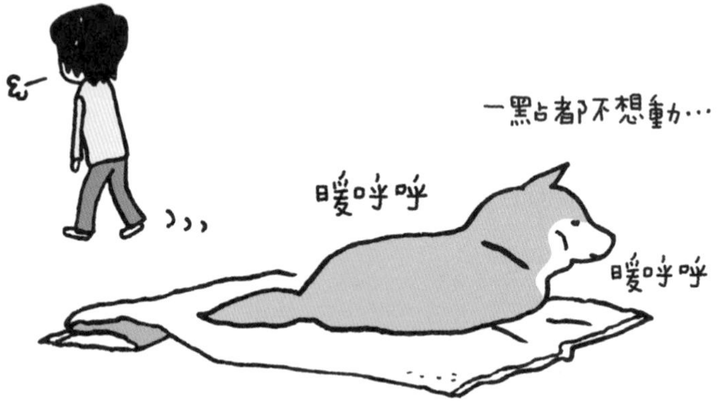

小哲

喜歡躲在蕾絲窗簾的後面

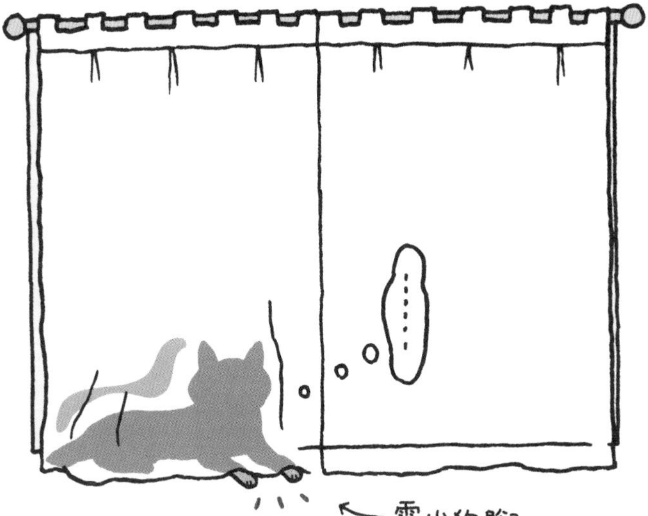
……
露出狗腳

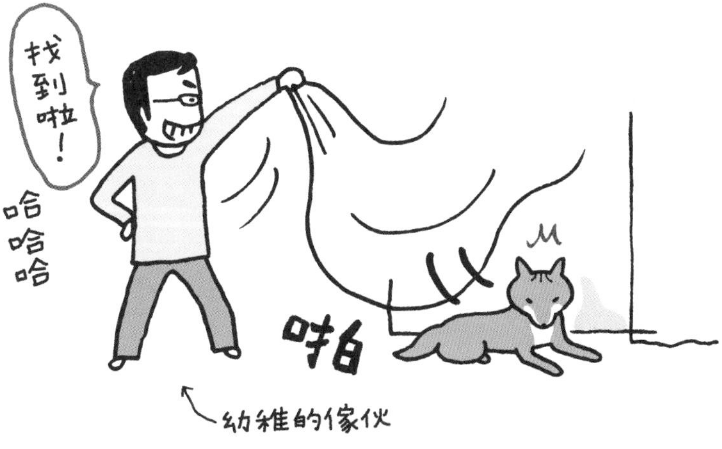
找到啦！
哈哈哈
啪
幼稚的傢伙

阿貢＆小哲最害怕的東西

阿貢

煙火

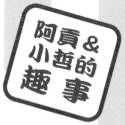

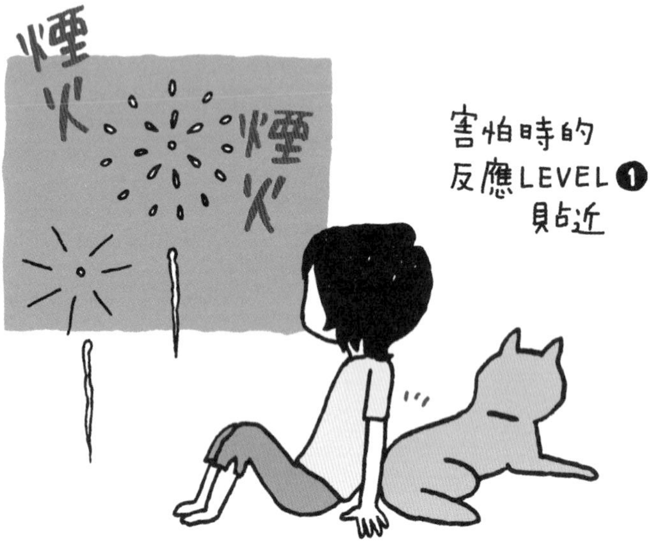
煙火
煙火
害怕時的
反應LEVEL❶
貼近

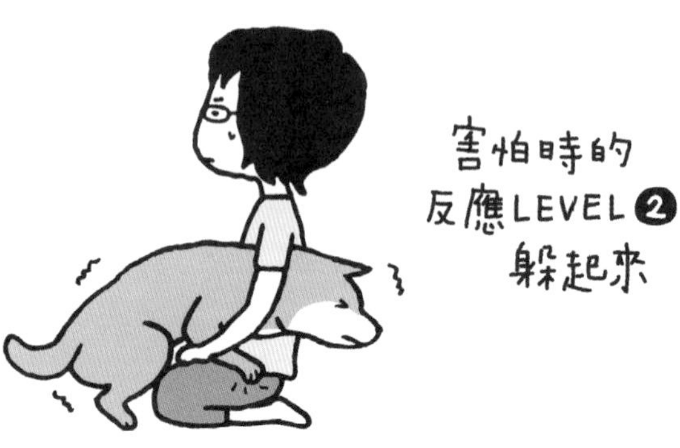
害怕時的
反應LEVEL❷
躲起來

小哲

只有小哲看得見的「某種東西」

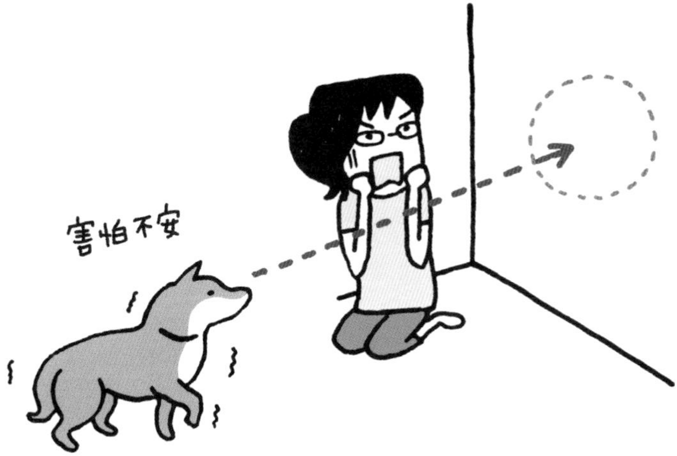
害怕不安

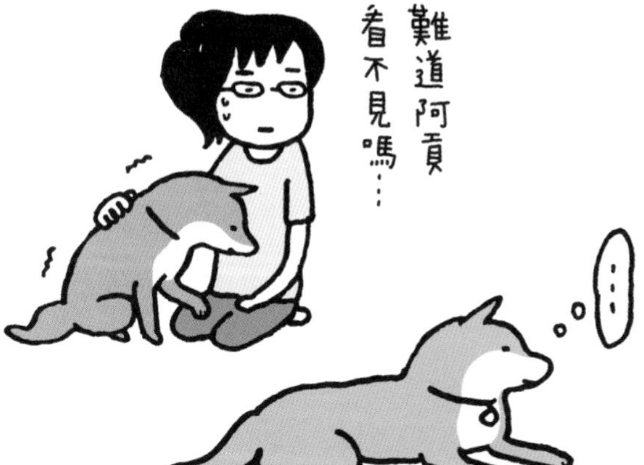
難道阿貢看不見嗎……
……

Part 2

個性完全相反的
阿貢與小哲

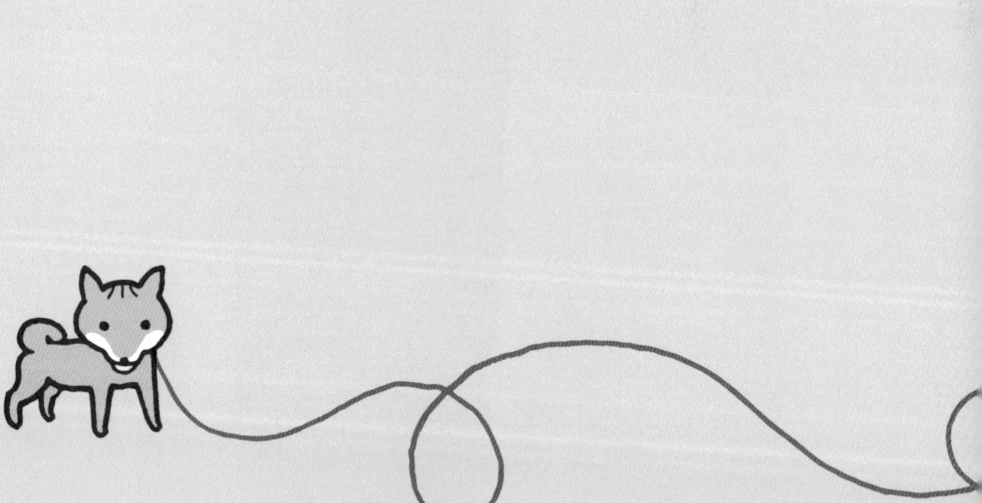

暴犬也有叫人意外的一面

今天是期待已久的
小哲散步日！
開心
興奮
吃完早餐，我們就去散步吧！

打從在寵物店選購項圈和牽繩時，
就很期待這一天到來。
只有幼犬才能用的
可愛牽繩

我從幾天前便開始
抱著小哲出門散步，
讓牠熟悉一下環境。
汪汪汪
噗噗——
嘎嘎
啪沙啪沙
嗅嗅

好了，
出發了!!
只是初次帶小狗狗
出門散步，
就能興奮成這樣……。

可是小哲才走了幾步……

結果這天只走了10公尺，之後都是拖著散步。
算了，一開始還是不要太勉強牠吧……。

既然不能勉強牠自己走，
那就慢慢來，
每天多走一點路吧！
問題是，
小哲一路上怕東怕西的……。

公園裡的遊樂設施
總是垂著尾巴

〇山〇男
〇〇黨
競選海報
嗚！哇！

沒想到這隻暴犬
也有叫人意外的一面!!

汪汪汪
嗚～
鄰居家的狗

小哲依舊三不五時賴著不走，不然就是拖拖拉拉的。
快走啊！阿貢他們已經走掉囉！
最喜歡追著自己的尾巴打轉
走在前面的阿貢忽然回頭…
慢慢地走過來，訓誡小哲一番！
慢慢
走來
汪汪!!
阿貢帥啦!!
拍手
拍手
沒想到阿貢也有叫人意外的一面。

附帶一提，小哲第一次散步時，
對什麼都好奇，
所以其實我們走得
還滿開心的。
這是什麼東西啊？
這裡是哪裡啊？
大口咬
松果
然後……
趴下
玩累了，就隨興地趴在馬路上！
趴下
這小子也太隨興啦!!
翻滾…

小哲的行動範圍暫時還擴展不了。

半徑
50m
不過這隻暴犬自有牠的散步法…
（就某方面來說，也算是進步囉？）
媽呀！
跳
跳
轉轉

照這情形看來，根本走不到海邊。

怎麼覺得江之島突然變得好遠啊…
苦笑…

到底什麼時候才能
在外頭也發揮一下
旺盛的精力啊……。

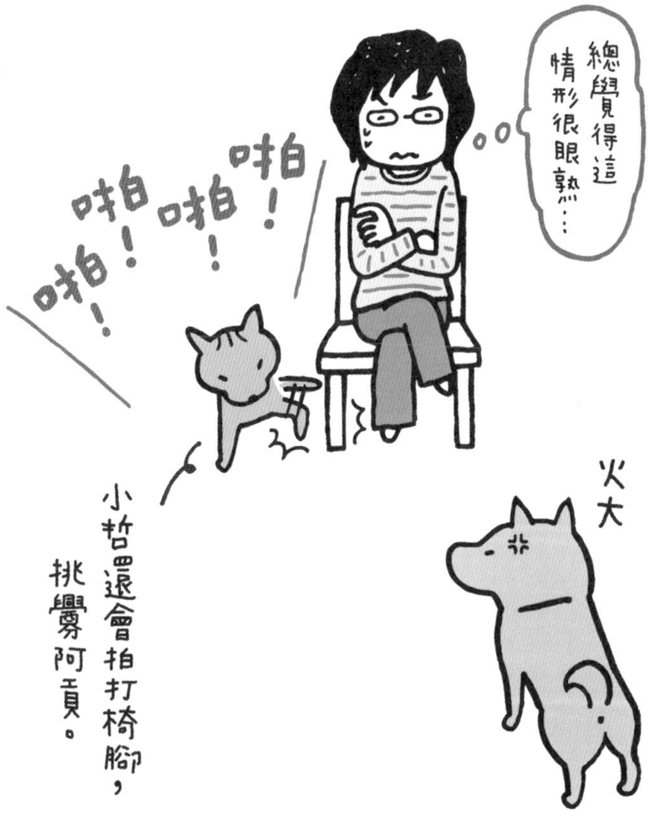
啪！啪！啪！
總覺得這情形很眼熟…
火大
小哲還會拍打椅腳，挑釁阿貢。

個性迥異的兩兄弟

幼犬真是一暝大一吋。

原本圓滾滾的小哲

(2個月大)

身形一下子就拉長!!

(6個月大)
幼犬特有的體味也不見了…
嗅…
屁股也看得一清二楚
腳也變長了
結實的公狗腰

臉頰的毛卻變得蓬鬆

捏
長得越來越有柴犬的樣子了。

不過個性還是很幼稚。
汪
喜歡纏著阿貢
玩追逐遊戲。
阿貢也還算配合似的，
「以靜制動」地陪牠玩。
沒想到路過的歐巴桑
看到這一幕…
唉呀！媽媽
好辛苦啊
噗
媽媽

雖然阿貢不是小哲的媽，
卻會教導牠。

要是小哲太頑皮的話，
阿貢就會馬上糾正!!

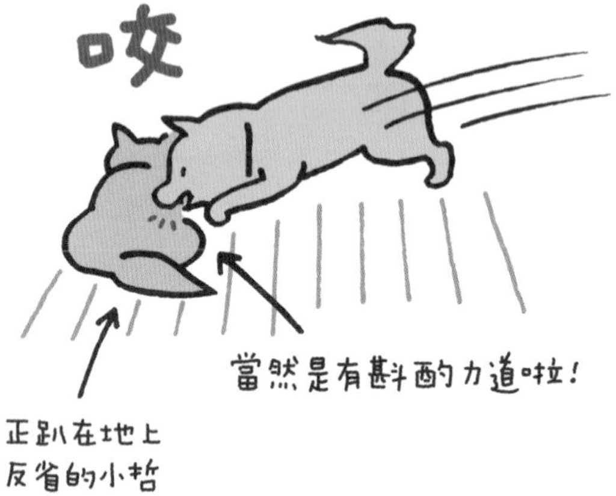
咬
當然是有斟酌力道啦!
正趴在地上
反省的小哲

散步時，要是小哲想搶在阿貢的前頭，
阿貢就會出聲嚇阻。

汪
讚
啦

某天，小哲在我的腳邊玩，
突然咬了一口我的拖鞋，
於是我脫口而出…
汪！汪！汪！
竟然模仿起阿貢。
沒想到這招比
罵來得有效…
總覺得怪怪的…
…
看來阿貢兇起來
也是挺有架式的呢…。

忙亂的日子一天天地過去，小哲的第一次考驗，也就是接受結紮手術的大日子終於到來。
假裝散步，其實是要去動物醫院。
唉，好擔心喔…
♪ ♫

※每位飼主對小狗結紮一事的看法，不盡相同。結紮的好處在降低公狗罹患某些特有疾病的機率，也能抑制牠們因為欲求不滿足，而出現攻擊行為。

因為手術當天不能吃早餐，所以很擔心這隻大胃王暴犬會不會大鬧醫院……
給我飯
給我飯
給我飯
鏗！鏗！鏗！
真沒規矩!!
應該不會吧
?

還好一切都很順利，手術也很成功。那天傍晚，小哲出院。為了防止牠舔傷口，只好幫牠暫時套上護圈，連散步時也戴著。
癱坐
戴這個東西實在不好走
沒辦法只好抱著牠走。
我就知道……
拆線前一天，幫牠拿掉護圈。
搖晃身體
回家後，還是要戴哦！
只見小哲死奔回家……
哈哈哈哈哈哈哈哈
一回家就開始舔傷口！
舔舔舔舔
哇哩ㄌㄟ
一眨眼，傷口的線就全都迸開了。
傷口裂開
哇啊—

馬上帶牠去動物醫院。
乖乖地露出肚子，真是太好了…
竟然可以把傷口舔開，看來小哲很神經質哦！
哈哈哈！
是啊…
呵呵…
傷口塗上接著劑

於是，小哲必須和護圈搏鬥個4、5天。
而我必須抱著牠往返動物醫院，手都快廢了…
咪—
累癱了！
嘶—
嘶—
這傢伙竟然把傷口舔開，看來得看緊牠才行。

越來越了解小哲的個性，
原來牠是個既神經質，
又龜毛的傢伙。
挖挖挖挖挖
明明這副模樣能在庭院
跑來跑去，奮力挖洞……
幹嘛出來
就不走啊？
說穿了，牠是在家一條龍，
出外一隻蟲的傢伙!!

愉快的散步路線

阿貢以公園和購物商場為主的
輕鬆路線

觀察海鷗⋯⋯
阿貢和小哲也一派閒適。
河口附近有成排的
遊艇和漁船。
聞到燒烤味道的阿貢，
突然暴走！
沖繩食材
燒烤
便利商店
帶阿貢去停車場旁的便利商店
買東西時，有個不認識的人
給了阿貢一個大雞塊，
超好康～！
蔬菜店
我要買櫛瓜
和番茄
船東開的鮮魚店
鮮魚
因為小哲不耐久候，
只好趕快買一買。
鎌倉 →

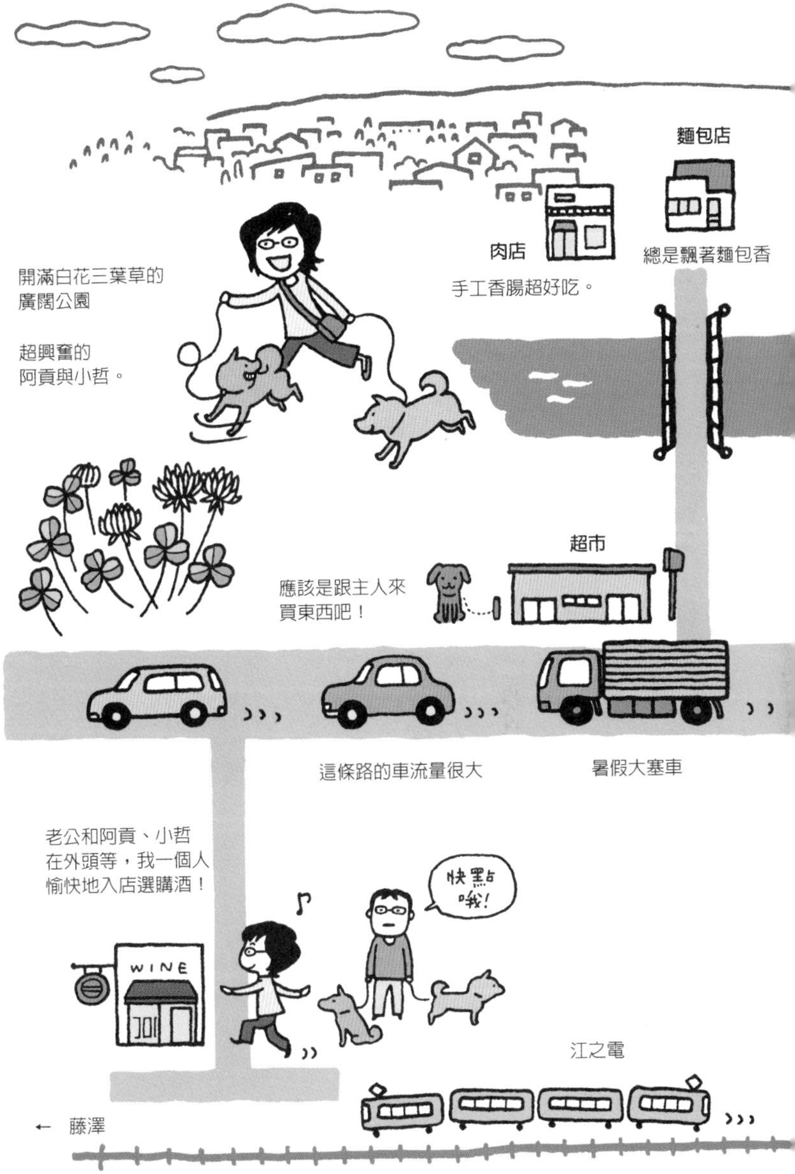
麵包店
肉店
總是飄著麵包香
開滿白花三葉草的
廣闊公園
手工香腸超好吃。
超興奮的
阿貢與小哲。
超市
應該是跟主人來
買東西吧！
這條路的車流量很大
暑假大塞車
老公和阿貢、小哲
在外頭等，我一個人
愉快地入店選購酒！
快點
哦！
WINE
江之電
← 藤澤

練腳力的散步路線

這一條是我和小哲的散步路線。
阿貢以前也會陪我走，
但最近牠的腳力不比以往，
所以這是一條強化體能的路線。

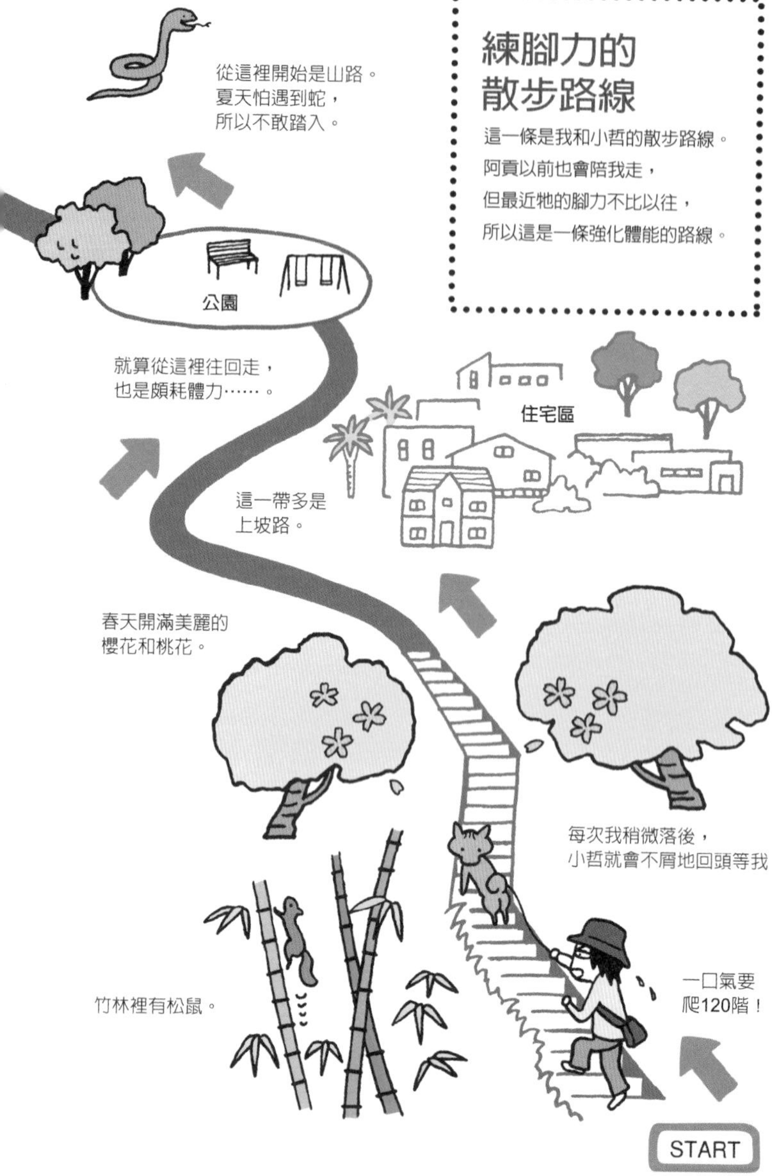
從這裡開始是山路。
夏天怕遇到蛇，
所以不敢踏入。
公園
就算從這裡往回走，
也是頗耗體力……。
住宅區
這一帶多是
上坡路。
春天開滿美麗的
櫻花和桃花。
每次我稍微落後，
小哲就會不屑地回頭等我。
竹林裡有松鼠。
一口氣要
爬120階！
START

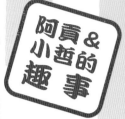

就連很陡的坡道，
小哲也是蹦蹦跳跳地
跑上去。
站在這裡可以
遠眺江之島。
雖然山勢不高，
但要反覆地上上下下。
哇！
卡沙卡沙
草叢裡有「不明物體」
公園
呼！呼！
一副看到獵物的小哲
住宅區
沒想到住宅區後頭
還藏著那麼偏僻的山徑，
不過野性十足的小哲
沒在怕的啦！
回家的路
全程1小時又30分鐘

阿貢&小哲的散步MAP

阿貢&小哲的趣事

湘南陽光男孩的散步路線

說起來有點不太好意思，其實我們是開車去海邊的，因為阿貢的體力已經沒辦法往返海邊，加上小哲也不太想去，（後來就用走的）想當初阿貢年輕時，也是一隻勇腳狗呢！

要是塞車的話，小哲的忍耐度就只到七里濱一帶……。相較於涼爽的海邊美景，車子裡簡直是煉獄。

呼
嘶
呼
嘶
小哲好像要吐耶!!
什麼～

汪!

一到空曠的地方，
小哲就會要阿貢陪牠玩。

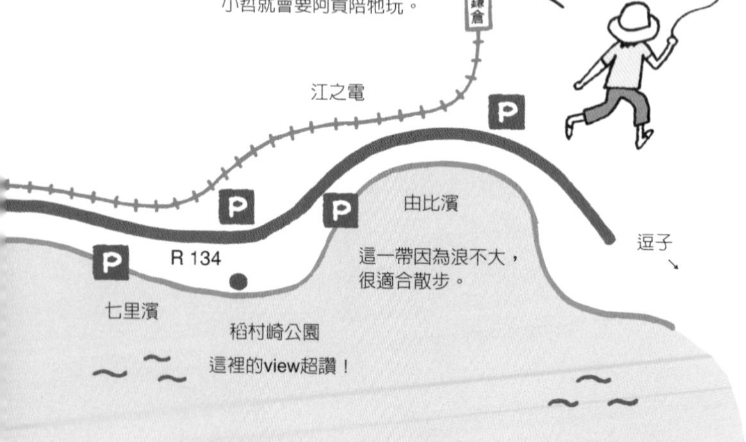
鎌倉
江之電
P
P
P
由比濱
P
R 134
逗子
這一帶因為浪不大，
很適合散步。
七里濱
稻村崎公園
這裡的view超讚！

哇
去咖啡店吧！

傍晚的海邊有很多出來散步的狗，
可是怕生的小哲就是不敢和人家
打交道。

垂著尾巴
阿貢則是凝望遠方

片瀨西濱有一家附設咖啡店的
Dog Run（寵物遊戲區）。阿貢
對Dog Run（寵物遊戲區）沒啥
興趣，但年輕時在咖啡店有著
美好的回憶，所以我們一走到
咖啡店附近，牠就會興奮地暴
衝。可是，今天不過去ㄋㄟ。

因為阿貢一歲半之前是住在辻堂，
所以常去那一帶的海邊。

藤沢
辻堂海邊公園
P
← 茅崎
P
片瀨西濱
片瀨東濱
烏帽子岩
江之島
阿貢曾經環遊江之島。

Part 3

暴犬本色

小哲的叛逆期·前篇

轉眼間，暴犬小哲就快滿1歲了。
應該稍微成熟點吧？

Check 1 擦拭身體 ○

Check 2 刷毛 ○

小哲尤其喜歡
刷前胸和脖子一帶。

Check 3 洗澡 △ 訓練中。

首先，邊弄濕腳，邊餵點心

雖然有時候也會耍賴，
不過一罵牠，就會乖乖反省。

才怪，好戲還在後頭呢…
某天吃完早餐後。
哦，吃完啦…
伸手
嗚—
咦？
現在是怎麼回事…
吃完了當然要收啊…
汪汪汪
叩可！
難不成小哲…
嗚—…
牠不想食盒被收走？

雖然不知道為什麼
今天怎會突然這樣？
但總覺得這樣下去不是辦法…
好！
開始勸說!!
警告
嫌犯小哲!!
快快乖乖交出你的食盆!!
比耐力……
紅豆麵包
嫌犯似乎也有點累了。
影山刑事贏了!!
嫌犯也失去了霸氣
……總之——事情就是這樣！
真是累死我了！
蛤？

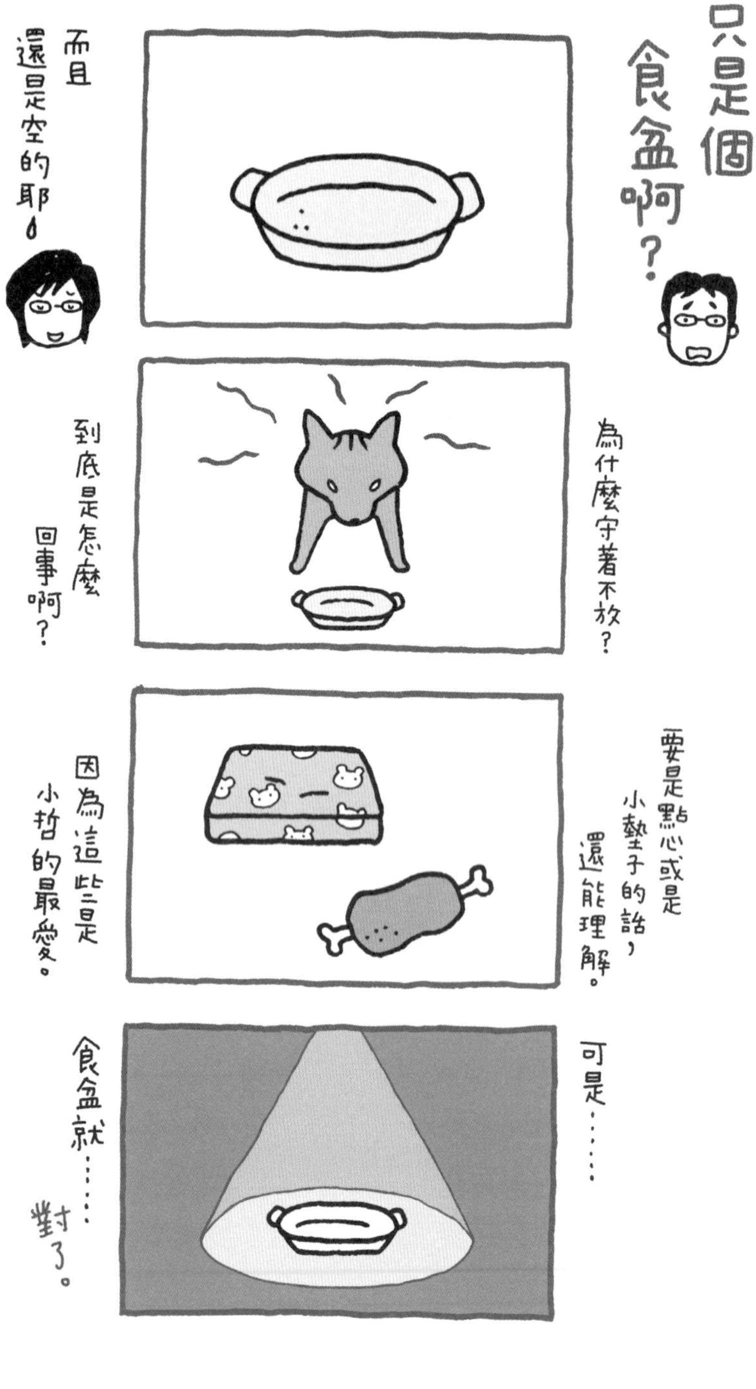

只是個食盒啊？
而且還是空的耶
為什麼守著不放？
到底是怎麼回事啊？
要是點心或是小墊子的話，還能理解。
因為這些是小哲的最愛。
可是……
食盒就……
對了。

我想起來。
小哲曾經吃完飯後，
呆呆地盯著空食盒……

嚇

難道是在妄想什麼嗎……

剛剛這裡
還有飯……
好好
吃喔……
食盒裡有好多
好吃的東西……

雖然不知道小哲為何死守食盆，
但得想辦法糾正牠
這個毛病才行。
我試了各種方法
像是用別的東西代替……
連拉麵的碗公
都拿來試……
或是不時改變
一下用餐的地方……
譬如玄關
庭院
可是不管我怎麼做，
只要企圖拿走小哲的食盆，
牠就會抓狂……
嗚—
不理牠!!
只要一被牠攻擊手，
我就採取「冷戰」策略。
慘遭冷落的小哲
就會很落寞……
重新上演這般戲碼。
沮喪

沒有食盆的時候，
小哲是個乖孩子!!
抱緊
食盆出現的時候……
惡魔!
萬萬沒想到
這傢伙的叛逆期
竟是這樣。

小哲的叛逆期・後篇

小哲異常地死守食盆，已經1個禮拜了。
不准拿走我的食盆—
問題是，要是一直放著沒收，牠也會越來越抓狂。
家裡殺氣騰騰……
只好去一趟動物醫院求救。
就是這樣，突然死守著食盆不放……
真的很傷腦筋
哦？這樣啊！
小哲突然坐得直挺挺
不少柴犬1歲左右時，自我意識會變得比較強……
舔
小哲在幹嘛啊？
不過牠本性並不壞……
舔舔
所以別太擔心。
不可以這樣！小哲！

讓牠認為主人的手一靠近，就代表有好康!!
不妨試試這方法吧！
①狗食不要1次給足
大嚼特嚼
乾狗食
②等食盒空了，再補上一些（分幾次給就對了）
再倒一些
③最後再用點心交換食盒。
這段時期很重要，加油哦!!
謝謝醫生！
不愧是專家!!
呼
果然跑一趟是對的…
話說回來，小哲剛剛那德行是什麼意思啊？
明明是在數落牠的不是……
直挺挺
這傢伙肯定搞不清楚狀況……

事不宜遲，今晚就開始拖行作戰計畫！
分次給狗食。
汪汪
倒
為避免
場面混亂，
讓阿貢到
另一間房間用餐
只見小哲興奮地邊吠邊吃！
!
汪汪汪
竟然連我手上的也不放過！
心跳
心跳
特大
嚼嚼
成功了！超順利！！

雖然後來小哲
一臉不安地追過來……

不過持續這項
作戰計畫，
果然可以順利地收食盒了！

想說總算搞定食盒事件，
這次小哲又搞出新花樣，
那就是吵著要吃飯。

明明以前準備食物時，
小哲都能乖乖地
等上十幾分鐘……

沒想到準備到一半，牠就突然抓狂！

DOG FOOD.
嗚嗚～～
汪！汪！汪！汪！汪！

我只好先拿個東西給牠打發時間，轉移注意力。

成功了
玩具裡頭塞些點心

可惜第二天這一招就沒效了。

已經吃光了!?
汪!
汪!
汪!
汪!

只好再換一招！
❶散步回來後，先讓牠們在庭院玩一會兒。
❷然後我偷偷地躲在家裡準備食物。
偷偷摸摸
阿貢專用
小哲專用

❸ 準備好之後，就叫牠們進來。

如何！
這下子就沒空抓狂啦!!

不過，還是得繼續分次給食計畫就是了。
不曉得這樣的情形還要持續多久。

該不會一輩子吧？
嗚汪！嗚汪！嗚汪！
倒

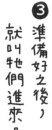

阿貢與小哲寫真日記

吃飽喝足後熟睡中……

2005年・8月
剛來我們家的小哲

2005年・9月
和玩具一起午睡

自從小哲來了之後，
阿貢又開始玩玩具!!

小哲的
體重
1.3kg
↓
6.0kg

胖了5倍!

2005年·11月
才4個月大，
就已經長得這麼壯！

我家夏天的
代表植物
「凌霄花」

春天一到，
我家花園變得
很熱鬧！

瑪格麗特
報春花

2006・1月
小哲散步到一半，
突然坐下來

奇怪？
搞不清楚
牠在怕什麼……

三色堇
粉蝶花

2006・2月
小哲迷上挖洞

好像在
找什麼好康……

天啊～
玩到棉花都跑出來了…

2006·3月

玩具被一腳踩扁……

太陽公公再多露一下臉嘛……

2006·2月
阿貢最喜歡日光浴

一陣追跑之後，我喊：「坐下！」兩隻便乖乖坐下

2006. 4月

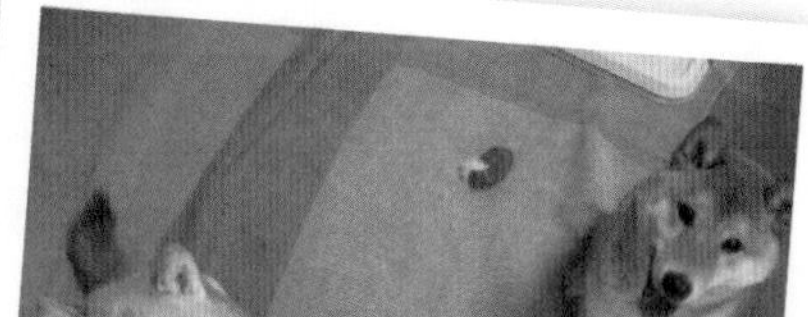

距離越拉越近

三色菫

是不是長相
變得比較成熟呢？

2006・7月
小哲一歲

2006・8月
超有大哥氣勢
的阿貢

明明是隻暴犬，
2006. 9月 坐相卻很娘

喔喔！

小哲有點害羞…

2007・1月
也有這樣的時候……

這樣看，兩隻
長得還滿像的……

2007・3月

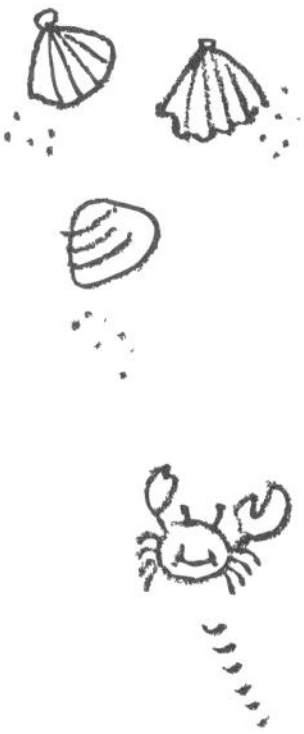

秋天的海岸
很靜謐…

沙灘上留下許多足跡

2006年・10月
拍攝於江之島

正在玩躲貓貓
遊戲的阿貢與小哲。
我也有參一腳哦！

2007年・6月
一開燈，發現樓梯上…

小哲暈車
加油啊！

2007年・6月
前往河口湖

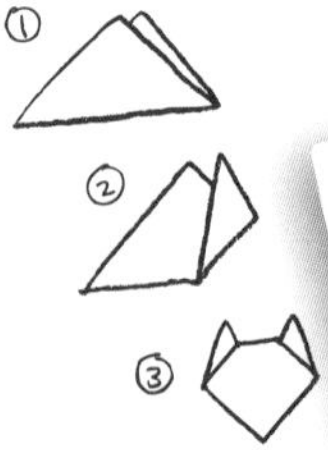

試著用紙摺出
阿貢和小哲！

月桃
我最喜歡的花
葉子有香氣

Part 4

與兩隻小傢伙的生活點滴

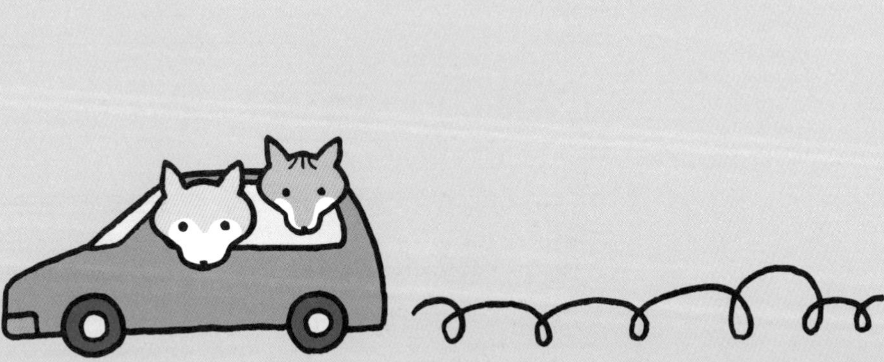

我家進入戰國時代？！

電視節目
「寵物教養特輯」
散步時，老是被牽著走—
我們家的狗老是喜歡往別人身上撲
汪！
汪！
汪！汪！
來一場教養比賽吧！
問題狗大集合！！
喔—
哼！
嘖！

趕緊來試試吧！
這算哪門子問題狗啊！都很乖啊！
別人家的狗看起來都好乖…
我們家這隻「收食盒就吼」的暴犬才是問題狗吧！
這一句很像猜謎節目的題目……
接下來是搶答題
收食盒就吼！
叮咚！叮咚！
A
答對了!!
小哲想保護的東西不只是食盒，沒想到連…
我不小心掉在地上的色鉛筆
那A安ㄋㄟ？
色鉛筆竟然贏過點心，太不可思議了。

每次帶牠們出去散步，最常被問到這樣的問題。

雖然阿貢和小哲
平常處得還不錯，
但還是會為了食物翻臉。

阿貢企圖搶食小哲掉的點心渣。

有時候會打成一團，
阿貢的嚇阻聲徹底失效。

我們家貓如進入戰國時代。

阿貢也會適時展現威嚴……

扭
阿貢是故意的嗎？這招厲害！
哼—
心跳
心跳

小哲只好稍微挪一下身子，
乖乖讓位。

當然小哲也有扳回一城的時候……

被罵到進退維谷的阿貢

互搏
一旦進入角力戰，
阿貢的勝算就小了。
突然想起阿貢
的後腳曾經動過手術……
到此為止！
哼
雙方都把對方的
身體舔得濕答答……
呼
呼
呼

明知道這種日子
總有一天會到來……

真是的！
希望臉上不會留下傷疤……
臉上有傷

嗚、嗚…
雖然自己比較佔上風，
但想到和阿貢撕破臉一事，
就擔心到想吐…可憐的小哲。

第一次出遠門

某天，我提議來一趟家庭旅行。

因為我這幾年
都沒有出遠門。
老公有時候會出差
去北海道或九州
搭飛機～
哈哈
3年來每天晚上
都和這個枕頭
為伍……
唉……
也想帶快成了井底之蛙
的小哲，出去見見世面。
呵呵～
呵呵～
轉變一下心情吧！
嗚～
嗚～
嗚～
這裡是
我的王國～

於是我們決定6月前往位於河口湖畔的小旅館。因為小哲很容易暈車，所以一路上必須不時停下來休息。

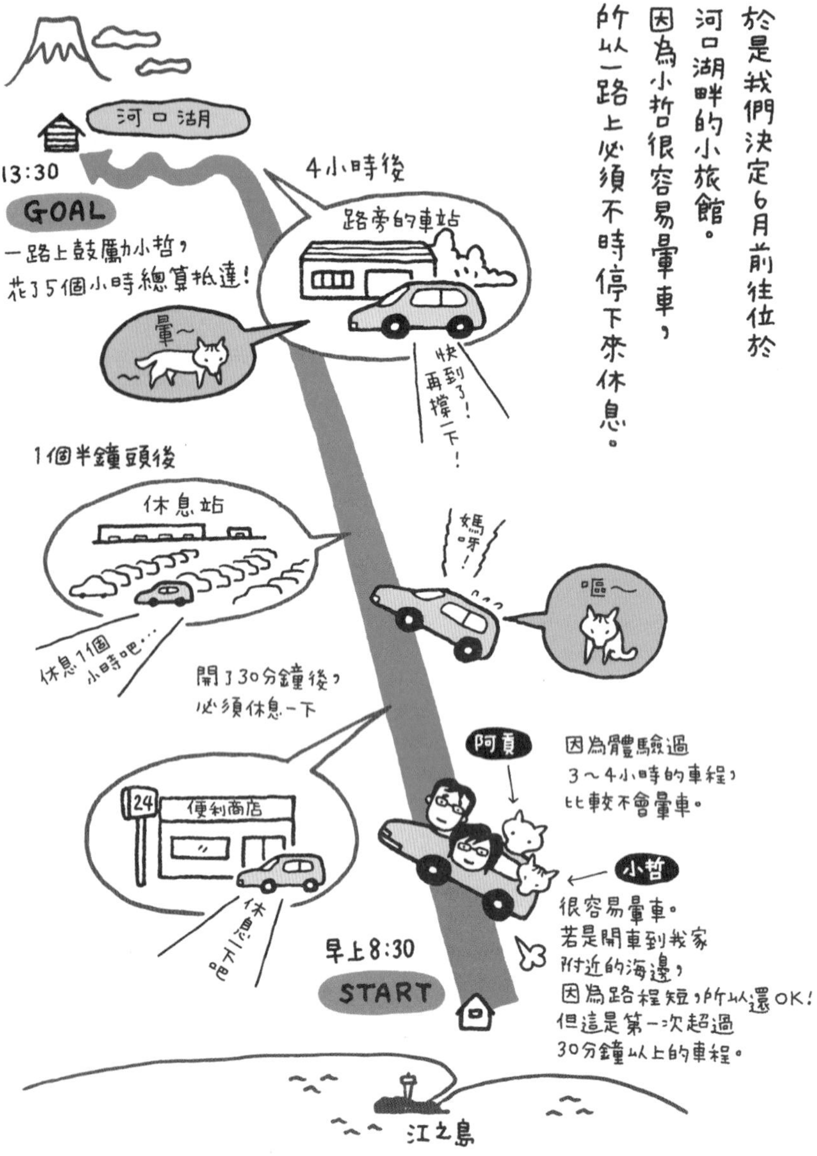

總算抵達目的地。
一下車，便聞到舒爽的芬多精。
這是一間一天只招待三組客人的小旅館，感覺很像山中別墅。
廣闊的寵物遊戲區彷彿被我們包下來了!!
啾啾啾啾啾……
環境很清幽，只聽得到鳥囀。
哇…
路旁野花遍開

一進到房間，
阿貢與小哲開始這邊嗅嗅，
那邊嗅嗅，調查環境。

小哲似乎也覺悟到
要與房間的長腳蚊
搏鬥…

阿貢一窩到自己的床上，
便呈現完全放鬆狀態，
似乎頗明白今天就住在這裡。

我們散步到湖邊…

還開心的享用BBQ。

好久沒看到阿貢和小哲
盡情奔跑的模樣了。
咻——
跑！跑！
跑！跑！
阿貢也很
開心的樣子。
哈哈哈
好快喔——
我們玩了
好幾次投接球。
最近霸氣十足的小哲，
可能是來到陌生的地方，
比較不習慣吧！
不管我走到哪，
膽小的牠都馬上跟過來。
我只是
上一下廁所啦！
噠噠！

沒想到沐浴在蒼鬱的樹林中，
心情變得那麼清爽！

不知不覺地聚集在
廚房通風扇下的阿貢與小哲

感覺被小哲搞得
神經兮兮的那段日子，
已經是好久以前的事。

雖然只住了一晚，
但換個環境生活，
全家人都覺得煥然一新。

隔天早上迷迷糊糊地醒來，
竟然有種回到現實的空虛感。

又是新的一天開始，加油囉！

阿貢＆小哲的點心時間

阿貢

兩道步驟就吞下肚。

小哲

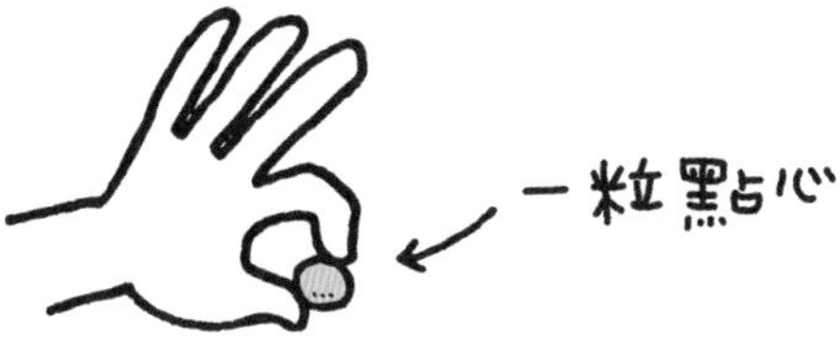
一粒點心

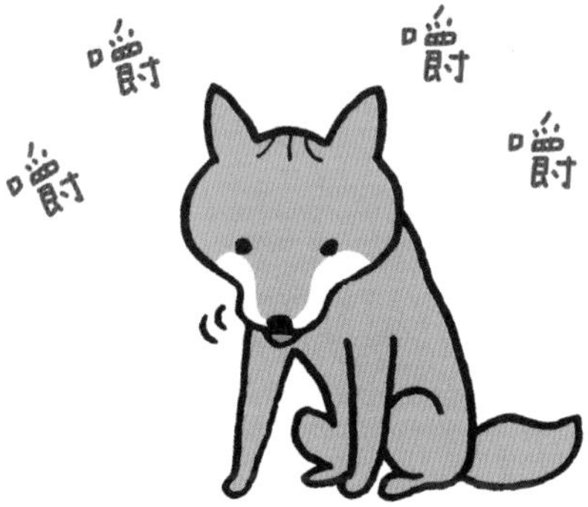
嚼
嚼
嚼
嚼

嚼了4次。

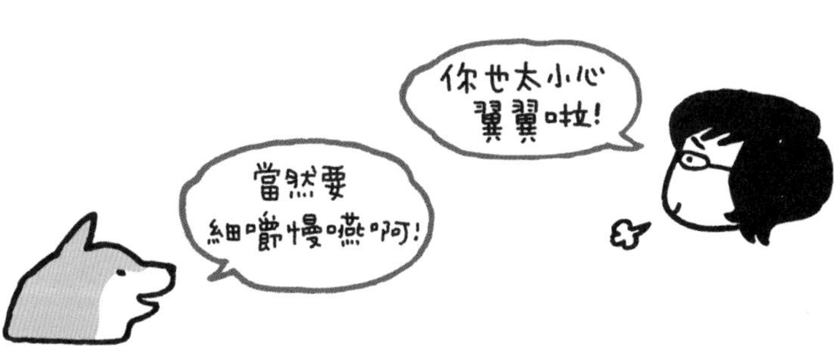
你也太小心翼翼啦!
當然要細嚼慢嚥啊!

阿貢&小哲的趣事

阿貢&小哲討罵挨

阿貢

雖然一喝斥就不敢咬，
但一會兒又故態復萌。

小哲

小哲努力地想吸引我注意。

Part 5

熱鬧的生活也不壞

這兩個小傢伙還是依然故我！

轉眼間，小哲2歲了。

雖然依舊採取「分次給食」方式
但小哲不再殺氣騰騰
倒
嚼嚼
有進步哦！

也養成到外頭才排泄的習慣
ZZZ
尿盆
沮喪——
不是學會良好的如廁習慣嗎？
後退……

而且老愛搶走
阿貢的玩具
這時候的表情看起來更恐怖……
情況越來越糟……
即便是一樣的東西，也不放過

還會擅自躺在
我的床上
要是想抱牠下來，牠就發出低吟，作勢咬人。
嗚—
情況糟糕了！
根本一點都沒有長進嘛…

想想，小哲的年齡換算成人類，相當於二十出頭的年輕人，所以牠可能無處發洩旺盛的精力吧？

各自消磨時光的方法

青春組

來玩打架遊戲吧!!

熟齡組

慵懶～～
閒適～
阿貢已經是快
60歲的歐吉桑……

喜歡的食物與體質

青春組

給我拿肉來!
不爽

熟齡組

吃太油的東西就有點……
怎麼才喝一點點就宿醉……
以前都不會啊……
軟一點比較
容易入口

什麼年紀
適合什麼樣的食物，
不可能強迫小哲配合
阿貢和我們的習慣。
不過，勉強配合小哲
的阿貢也很辛苦……。
嗯……
決定了！
從今天開始
分開散步吧!!
其實我早就覺得應該這麼做，
只是老是以工作忙為藉口推託……。

和阿貢的是
悠閒輕鬆路線
（20分～30分鐘）
和小哲的是
增強體力路線
（40分鐘～1小時）
好長的階梯
118…119…
120…
蹦蹦 跳跳
這樣一來就
皆大歡喜了!!
可是…
果然
每天這樣我會累死的!!

突然發現
牠們不像以前那樣
動不動就打架，
這可是一大進步呢!!

我們來玩追逐遊戲吧!!

當然有時候還是會被
這兩個傢伙氣得半死⋯。

跑跑跑跑
跑去哪裡啦?

而且小哲的表情
變得柔和多了!!
看來應該
有確實
發洩吧…
!
雖然累死我了……
但想到可以減少
牠們的摩擦,
就覺得值得啦!!

今天是禮拜日♫

看來熱鬧的生活起碼還會持續好一陣子。

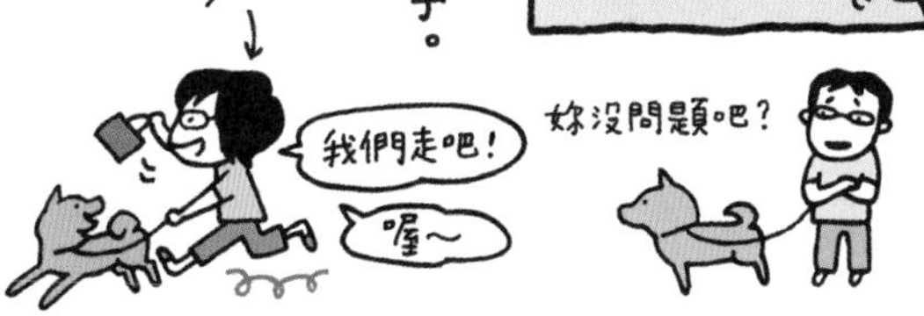

後記

自從十二年前阿貢來到我們家，我們家的生活就起了變化。
現在一派老大哥模樣的阿貢，其實年輕時也是很頑皮的。
個性開朗的牠，即便已經兩、三歲了，
還是一副毛毛躁躁樣，讓我有點擔心呢！
本來想說阿貢年歲漸大，成了歐吉桑狗，我們的日子也會跟著沉穩許多……。
我想，這種永無止境的挑戰就是人生的樂趣吧！
新來的成員小哲，個性和阿貢完全不一樣。
託小哲的福，我每天都過得十分刺激，多采多姿。
這次因為要將與阿貢、小哲共度的生活點滴整理成書，
所以重溫了當初寫的日記、照片、教養日誌等各種紀錄。
雖然看到這些東西就讓我回想起當時的辛勞，
但每一件事都能讓我開懷地與大家分享。
其實後來我家成了更可怕的戰場，
不過，也是總有一天能笑著與大家分享的生活點滴。

2009年11月　影山直美

幸福的柴犬三丁目 特別篇

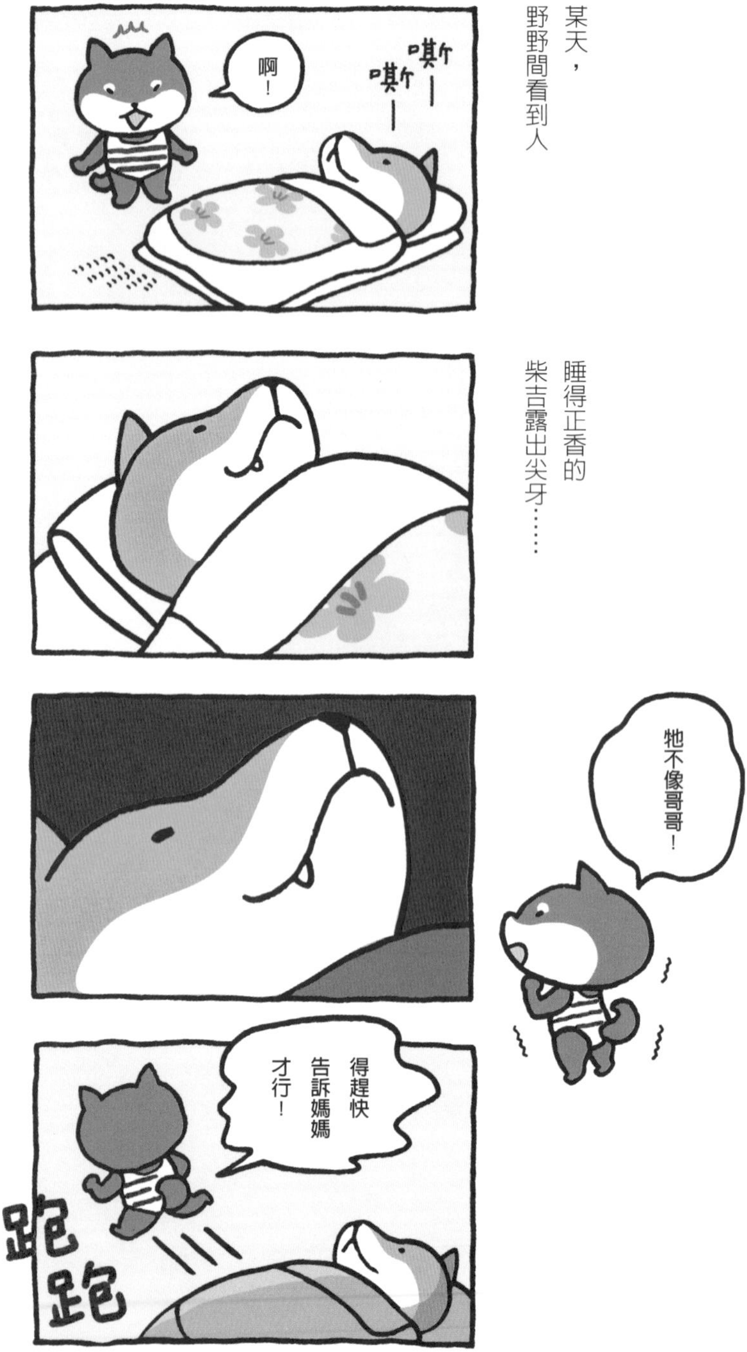
某天，
野野間看到人
啊！
嘶——
嘶——
睡得正香的
柴吉露出尖牙……
牠不像哥哥！
得趕快
告訴媽媽
才行！
跑
跑

哇！好可愛喔！
拍完照再叫醒牠吧！
媽媽不怕嗎……
卡嚓卡嚓
野野間，你也會啊！
你看！
騙人！
那不是我!!
能露出獠牙展現自我的柴犬，表示長大成狗了。
來自老爺爺的教誨

啾 啾
今天早上成功煮出美味的高湯呢！
夢幻的柴魚片♪
最頂級的昆布♪
肯定是極品哩！
去後院摘幾片鴨兒芹吧！
哇啊…
潑 潑
好溫暖喔！
咦？高湯怎麼變少了？
你偷喝嗎？
我只是洗一下臉。

湯裡還浮著野野間的毛……
拿掉毛後還要繼續用嗎？
還是重新做一鍋呢？
可是那是用夢幻的柴魚片和最頂級的昆布……
哇啊！好煩喔！
決定!!
就當作沒這回事吧！
倒
面對鳥事不妨睜一隻眼，閉一隻眼
來自老爺爺的教誨

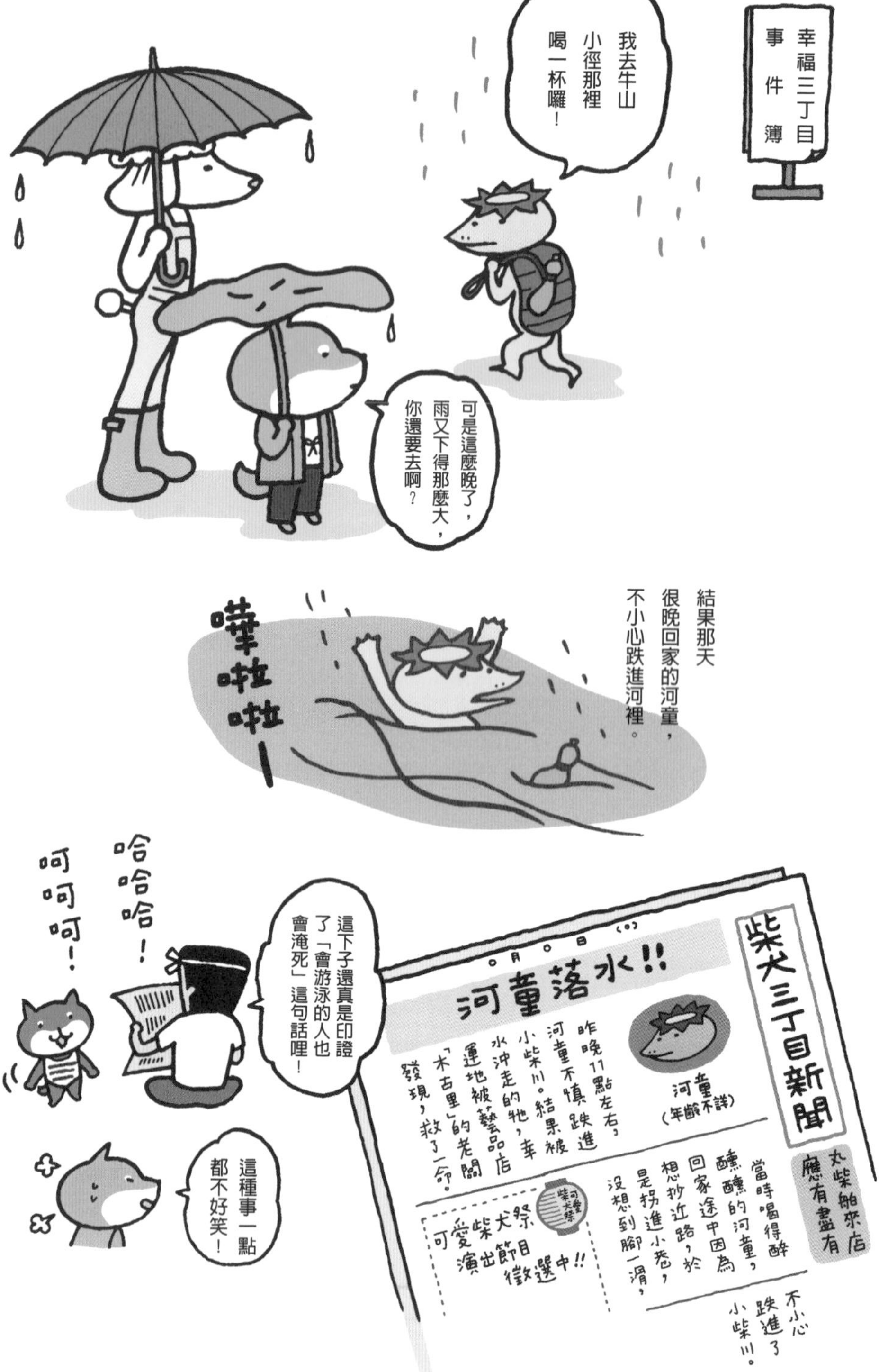

幸福三丁目事件簿
我去牛山小徑那裡喝一杯囉！
可是這麼晚了，雨又下得那麼大，你還要去啊？
結果那天很晚回家的河童，不小心跌進河裡。
嘩啦啦！
柴犬三丁目新聞
○月○日(○)
河童落水!!
昨晚11點左右，河童不慎跌進小柴川。結果被水沖走的牠，幸運地被藝品店「木古里」的老闆發現，救了一命。
河童（年齡不詳）
當時喝得醉醺醺的河童，回家途中因為想抄近路，於是拐進小巷，沒想到腳一滑，
不小心跌進了小柴川。
丸柴船來店 應有盡有
可愛柴犬祭 演出節目徵選中!!
可愛柴犬祭
哈哈哈！
呵呵呵！
這下子還真是印證了「會游泳的人也會淹死」這句話哩！
這種事一點都不好笑！

真是的…
大家怎麼都那麼悠哉啊！
唉
啊！
那不是老爺爺嗎？
他在做什麼啊？
凝望…
正在凝望天上的雲，思索什麼嗎……？
轉頭
蒼蠅!?
緩步離去
輕飄飄
身為柴犬，就要有自己的步調
看來我的修練還不夠啊…

（終）

TITAN 092

我的愛在我身邊：有狗不寂寞

影山直美◎圖文　　楊明綺◎翻譯　郭怡伶◎手寫字

出版者：大田出版有限公司
台北市10445中山北路二段26巷2號2樓
E-mail：titan3@ms22.hinet.net
http：//www.titan3.com.tw
編輯部專線（02）25621383
傳真（02）25818761
【如果您對本書或本出版公司有任何意見，歡迎來電】
行政院新聞局版台業字第397號
法律顧問：甘龍強律師

總編輯：莊培園
主編：蔡鳳儀
副主編：蔡曉玲
企劃主任：李嘉琪
校對：謝惠鈴／陳佩伶
美術設計：郭怡伶
承製：知己(股)有限公司 電話：(04)23581803
初版：二〇一三年（民102年）五月三十一日　定價：230元

總經銷：知己圖書股份有限公司
（台北公司）台北市106辛亥路一段30號9樓
電話：（02）23672044．23672047．傳真：（02）23635741
郵政劃撥：15060393
（台中公司）台中市407工業30路1號
電話：（04）23595819．傳真：（04）23595493

國際書碼：978-986-179-286-6　CIP：437.35/102005315

廣	告	回	信
台北郵局登記證			
台北廣字第01764號			

平　　信

To：**大田出版有限公司**　（**編輯部**）**收**

地址：台北市10445中山區中山北路二段26巷2號2樓

電話：（02）25621383　傳真：（02）25818761

E-mail：titan3@ms22.hinet.net

From：地址：＿＿＿＿＿＿＿＿＿＿＿＿＿＿

姓名：＿＿＿＿＿＿＿＿＿＿＿＿＿＿

＊請沿虛線剪下，對摺裝訂寄回，謝謝！

智　慧　與　美　麗　的　許　諾　之　地

＊請沿虛線剪下，對摺裝訂寄回，謝謝！

讀 者 回 函

你可能是各種年齡、各種職業、各種學校、各種收入的代表，
這些社會身分雖然不重要，但是，我們希望在下一本書中也能找到你。

名字／＿＿＿＿＿＿ 性別／□女 □男　出生／＿＿＿年＿＿＿月＿＿＿日

教育程度／

職業：□學生 □教師 □內勤職員 □家庭主婦 □SOHO族 □企業主管
□服務業 □製造業 □醫藥護理 □軍警 □資訊業 □銷售業務
□其他＿＿＿＿＿＿

E-mail/＿＿＿＿＿＿ 電話／＿＿＿＿＿＿

聯絡地址：

你如何發現這本書的？　書名：我的愛在我身邊：有狗不寂寞

□書店閒逛時＿＿＿＿書店 □不小心在網路書站看到（哪一家網路書店？）＿＿＿＿
□朋友的男朋友(女朋友)灑狗血推薦 □大田電子報或編輯病部落格 □大田FB粉絲專頁
□部落格版主推薦＿＿＿＿＿＿
□其他各種可能 ，是編輯沒想到的＿＿＿＿＿＿

你或許常常愛上新的咖啡廣告、新的偶像明星、新的衣服、新的香水……
但是，你怎麼愛上一本新書的？

□我覺得還滿便宜的啦！ □我被內容感動 □我對本書作者的作品有蒐集癖
□我最喜歡有贈品的書 □老實講「貴出版社」的整體包裝還滿合我意的 □以上皆非
□可能還有其他說法，請告訴我們你的說法
＿＿＿＿＿＿

你一定有不同凡響的閱讀嗜好，請告訴我們：

□哲學 □心理學 □宗教 □自然生態 □流行趨勢 □醫療保健 □財經企管 □史地□傳記
□文學 □散文 □原住民 □小說 □親子叢書 □休閒旅遊 □其他＿＿＿＿＿＿

你對於紙本書以及電子書一起出版時，你會先選擇購買

□紙本書 □電子書 □其他＿＿＿＿＿＿

如果本書出版電子版，你會購買嗎？

□會 □不會 □其他＿＿＿＿＿＿

你認為電子書有哪些品項讓你想要購買？

□純文學小說 □輕小說 □圖文書 □旅遊資訊 □心理勵志 □語言學習 □美容保養
□服裝搭配 □攝影 □寵物 □其他＿＿＿＿＿＿

請說出對本書的其他意見：

大田出版有限公司編輯部 感謝您！